奏响瑰丽丝路的乐章

走进新疆人民剧场

中国文物学会 20 世纪建筑遗产委员会　指导

金祖怡　范欣　编著

天津大学出版社

TIANJIN UNIVERSITY PRESS

图书在版编目（CIP）数据

奏响瑰丽丝路的乐章：走进新疆人民剧场：中国文物学会20世纪建筑遗产委员会指导 / 金祖怡，范欣编著． -- 天津：天津大学出版社，2022.5（2023.4重印）

中国20世纪建筑遗产项目．文化系列

ISBN 978-7-5618-7185-0

Ⅰ．①奏… Ⅱ．①金… ②范… Ⅲ．①剧院－建筑设计－新疆－20世纪 Ⅳ．① TU242.2

中国版本图书馆CIP数据核字（2022）第 086064 号

图书策划：金 磊
图书组稿：韩振平工作室
责任编辑：李 琦
装帧设计：朱有恒

ZOUXIANG GUILI SILU DE YUEZHANG ZOUJIN XINJIANG RENMING JUCHANG

出版发行	天津大学出版社
地　　址	天津市卫津路 92 号天津大学内（邮编：300072）
电　　话	发行部：022-27403647
网　　址	www.tjupress.com.cn
印　　刷	北京华联印刷有限公司
经　　销	全国各地新华书店
开　　本	700mm×1010mm
印　　张	6.75
字　　数	99 千
版　　次	2022 年 5 月第 1 版
印　　次	2023 年 4 月第 2 次
定　　价	78.00 元

谨以此书献给为建设并传承
中国 20 世纪建筑遗产做出贡献的人们

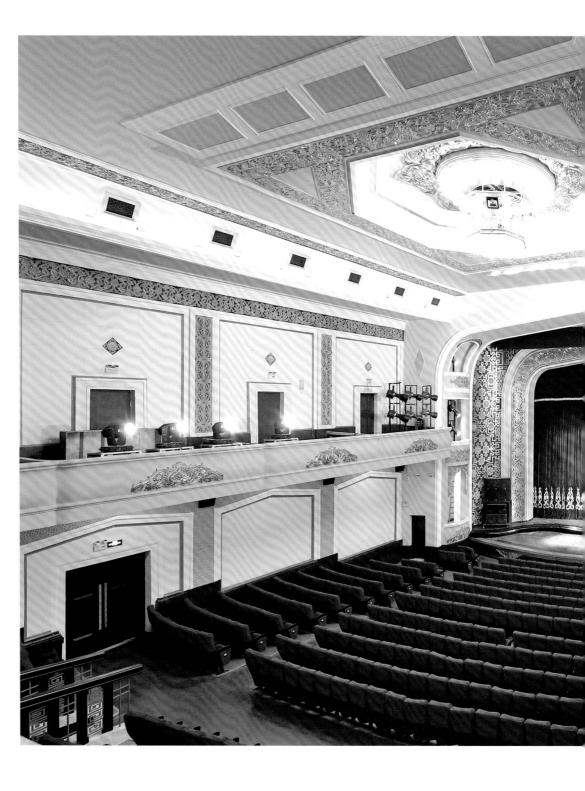

　　1949 年新疆和平解放后，开展了大规模工业化建设，从引进苏联专家合作到依靠中国自己的人才设计和施工，完成了一大批建筑工程，为新疆的工业打下了坚实的基础。新疆人民剧场就是由中国人自己设计并建造的。1955 年，新疆人民剧场建筑工程在刘禾田、周曾祚等前辈建筑师的主持带领下进行设计，刘禾田任科长，金祖怡为建筑股股长，贺献莹为结构股长，三位责任工程师为周曾祚、高征录、杨敏，并指定了具体专业负责人。

　　设计新疆人民剧场时，刘禾田从喀什请来了民间老匠人及新疆的雕塑美术工作者参与创作。新疆人民剧场于 1956 年底完工，1957 年投入使用。剧场的外立面和室内装饰细节将建筑、结构、装饰融为一体，尤其是剧场正门的两座雕塑《舞蹈》与《弹唱》具有鲜明的新疆地方特色，受到了各族人民的喜爱。剧场建成后的几年里，不少党和国家领导人先后在此出席会议或观看民族歌舞演出。

　　新疆人民剧场不仅为推动新疆经济社会发展与城乡建设、维护国家安全统一、巩固祖国边防和社会稳定做出了不可磨灭的贡献，而且见证了 20 世纪 50 年代中国开发建设边疆的光辉岁月和新疆工业化发展的历史阶段。

新疆人民剧场先后经历20世纪80、90年代以及2001年至2006年间的多次维修和改造，2013年被列为全国重点文物保护单位，2018年入选第三批"中国20世纪建筑遗产"。2019年该剧场被列入国家文物局文物修缮计划，由新疆建筑设计研究院有限公司范欣副总建筑师担任设计总负责人，刘禾田建筑师的夫人金祖怡作为顾问，按"尊重原设计"的理念对其予以修缮。该剧场于2021年入选"中国20世纪红色建筑经典"。

历史上新疆是古"丝绸之路"的重要通道，形成了兼收并蓄的多元文化。《奏响瑰丽丝路的乐章　走进新疆人民剧场》一书的问世，对传播"一带一路"天山脚下文化建筑遗产具有重要价值，同时也向新中国建设的开创者与传承者，以及为文化遗产事业做出奉献的人们致敬。

特此为序。

单霁翔

中国文物学会会长

2022年3月

目录

巍巍天山（陈志峰 摄）

　　在祖国的西北边陲，有一片神奇浩瀚的土地，它就是我国陆地面积最大的省级行政区——新疆。这里远离海洋，位于亚欧大陆的中心腹地，山脉纵横，沙海苍茫，全区总面积达 166 万平方千米。新疆与俄罗斯、哈萨克斯坦、吉尔吉斯斯坦、塔吉克斯坦、巴基斯坦、蒙古、印度、阿富汗等八个国家接壤，陆地边境线绵延 5 600 多千米。在高大的群山与无垠的沙漠之间，星罗棋布的绿洲像颗颗珍珠，串联起穿越千年的丝路古道。古老灿烂的人类几大文明在此交会，世界上没有哪个地方像新疆这样拥有并汇聚如此瑰丽多姿、包罗万象的历史文化。

　　地理位置之特殊，地域之广袤，气候之极端和多变，历史人文之绚烂多彩，民族之众多，赋予了新疆独一无二的魅力。由于地处丝绸之路要冲的特殊条件和地缘优势，以及与外界特别是祖国内地其他省市在贸易、经济、文化上的长期频繁往来，加之众多民族在此共同生存聚居，新疆形成了多元一体的开放包容、兼收并蓄的文化特征，具有明显的地域性与国际性。新疆各族人民世代栖居在这片广袤神奇的土地上，扎根于中华文化的沃土，创造了灿烂悠久的人类文明，孕育出独特的新疆传统建筑之花。

一、天山脚下的艺术殿堂

　　万古雄奇的天山脚下，坐落着一座美丽的城市——乌鲁木齐市。"乌鲁木齐"在古准噶尔蒙古语里意为"优美的牧场"。它是世界上离海洋最远的大城市，雄踞第二座亚欧大陆桥的桥头堡。因其居于亚洲的地理中心，乌鲁木齐也被称为"亚心之都"。

　　在乌鲁木齐市南门解放北路与人民路交叉口的东南角，静静伫立着一座恢宏典雅的建筑。它见证了新中国的新疆走向繁荣，记录着建设先驱者们的韶华和足迹。建成于1956年的新疆人民剧场历经近66个春秋，栉风沐雨，风采依然，它是这座城市不息的记忆，始终是乌鲁木齐各族人民心中最喜爱的建筑。2013年新疆人民剧场被列为全国重点文物保护单位，2018年入选第三批"中国20世纪建筑遗产"，2021年入选"中国20世纪红色建筑经典"。

■ 城市之心

自建成至 20 世纪 80 年代初期，新疆人民剧场曾作为自治区
历届党代会、人代会及政协会议的主会场，接待过许多党和国家
领导人。半个多世纪以来，新疆人民剧场承接中外著名艺术团体
演出 3 000 余场，不仅促进了各国、各地间的文化交流，新疆独
具魅力的民族艺术也从这里走向世界。

新中国第一个五年计划期间，在乌鲁木齐新建的 7 座剧场和
电影院中，新疆人民剧场无疑是最具代表性的一座，它曾被誉为"中
国最美的剧场"。尤其是在当时物质条件、技术条件极其有限的
情况下，能够达到如此高的设计水准和施工水平，其中倾注了每
一位建设者的心血和汗水。

新疆人民剧场选址于当时乌鲁木齐市的中心地带——南门广
场，这里曾举行过新疆和平解放暨三军汇合的盛大典礼。在建筑师
的建议下，南门广场的中轴线南移 20 米，与新疆人民剧场居于同
一中轴线上。同时，还贯通了南门广场与剧场之间的道路，使建筑
正面形成开阔的视野。隔着乌鲁木齐河（今已成为乌鲁木齐市南北
交通主动脉——河滩快速路），建立起当时的新旧市区在空间上的
联系。新疆人民剧场的建筑师在重视建筑单体考量的同时，还协同
城市规划主管部门梳理整合用地周边环境，对城市空间的整体关联
性也十分关注（图 1）。

新疆人民剧场居于南门广场东侧，坐东朝西。建筑占地面
积 3 470 平方米，主体地上 3 层，舞台侧、后方区域设置 4 层，
局部设有 1 层地下室。最初的设计考虑可容纳 1 200 名观众，并
满足民间歌舞和歌舞剧演出、政治会议、节日盛大群众活动、舞
会及电影放映等多种使用功能的需求。新疆人民剧场总建筑面积

注：
（1）该项目旧称为新疆人民
剧院，后更名为新疆人民剧场。
（2）1公尺为1米。

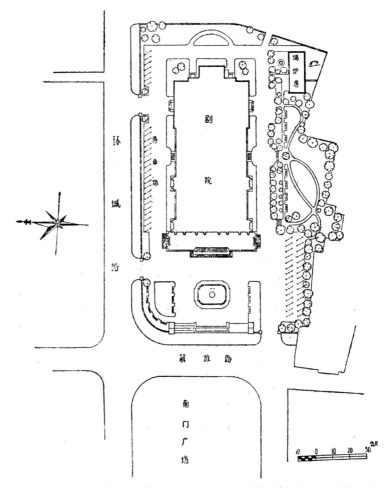

图1 剧场总平面图（来源：周曾祚，新疆人民剧院，《建筑学报》，1957，第11期）

9850平方米，其中主要部分的面积为：观众厅850平方米（包括楼座190平方米）、舞台780平方米（包括侧台220平方米）、观众步廊及休息室650平方米、接待室200平方米、演员化妆室400平方米、演员休息及候场室250平方米、舞厅及其休息室

1 000 平方米。

建筑平面（图2、图3）和立面沿东西向主轴线呈左右均衡对称的古典式布局。西侧主立面（图4）设计有高大的柱廊，东立面则作简洁处理（图5），南立面（图6）及北立面变化丰富、舒展流畅。

建筑主入口门廊、入口中庭、序厅、观众厅、舞台等主要空间沿中轴线由西向东徐徐展开（图2、图7）。考虑到节日盛大群众活动的需要，特别增设了舞厅及大量休息空间，供观众使用的面积均按照当时的较高建筑标准进

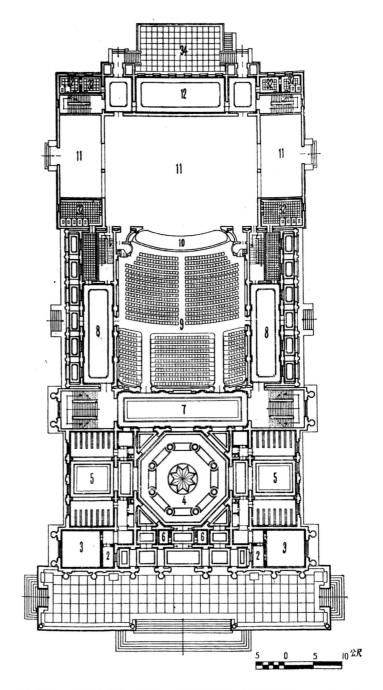

图2 剧场一层平面（来源：周曾祚，新疆人民剧院，《建筑学报》，1957，第11期）

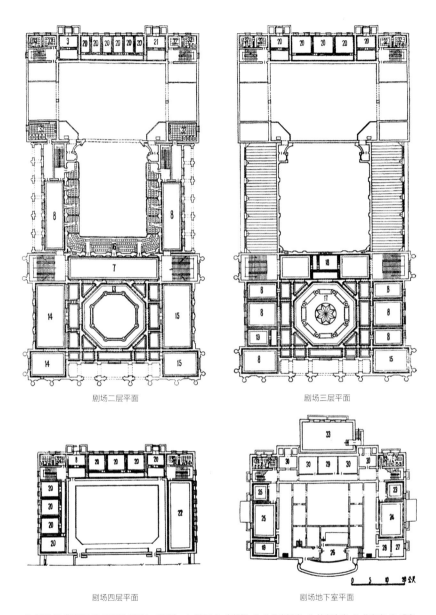

剧场二层平面　　　　　　　　剧场三层平面

剧场四层平面　　　　　　　　剧场地下室平面

1.门廊 2.售票室 3.办公室（值日、经理）4.进厅 5.衣帽间 6.公用电话室 7.休息步廊 8.休息室 9.观众厅 10.音乐池 11.舞台（包括道具室）12.演员候场室 13.楼层八角回廊 14.茶座 15.吸烟室 16.楼上观众席 17.舞台 18.放映室 19.服务室 20.演员化妆室 21.导演室 22.排演室 23.配电室 24.乐队休息室 25.演员食堂 26.灯光操纵室 27.电话总机室 28.播音室 29.理发室 30.贮藏室 31.浴室 32.厕所 33.空气调节室 34.平屋顶

图3 剧场二至四层及地下室平面（来源：周曾祚,新疆人民剧院,《建筑学报》,1957,第11期）

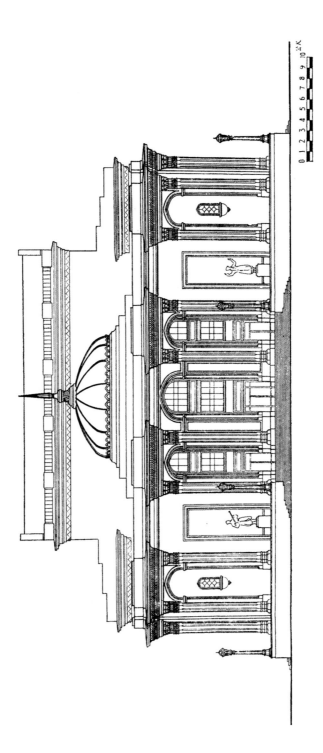

图 4　剧场正（西）立面（来源：周曾祥，新疆人民剧院，《建筑学报》，1957，第 11 期）

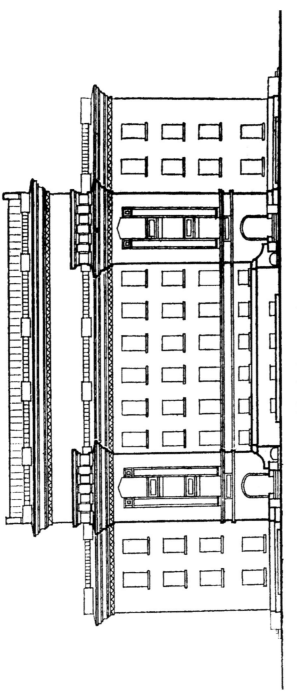

图 5 剧场背（东）立面（来源：周曾祚，新疆人民剧院，《建筑学报》，1957，第 11 期）

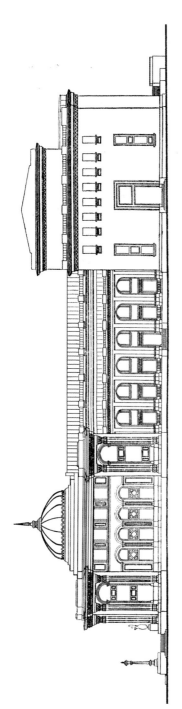

图 6　剧场侧（南）立面（来源：周齐祥，新疆人民剧院，《建筑学报》，1957，第 11 期）

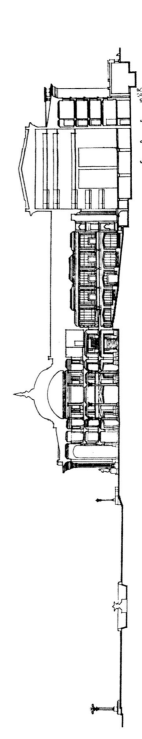

图 7　剧场纵向剖面（来源：周齐祥，新疆人民剧院，《建筑学报》，1957，第 11 期）

行配置。

新疆人民剧场设计之时，我国的抗震设计规范尚未最终定稿，考虑到项目的特殊性和重要性，结构设计参照《苏联抗震设计规范》（译稿），抗震设防烈度在通常标准上提高一级。结构系统设计受到苏联专家提供的设计项目案例的启发，兼顾抗震性能和经济性，采用砖石结构，仅在抗震不利部位运用综合方式予以加强处理。

■ 传承传统，博采众长

新疆人民剧场的设计始终坚持不懈地努力尝试在继承传统的同时有所创新，建筑师以开放包容的心态，与各族艺术家和民间老艺人深入交流，携手合作，成就了这座深受各族人民喜爱的经典建筑。

在 1954 年新疆人民剧场设计之始，新疆建筑设计行业尚处于起步阶段。建筑师对新疆传统建筑的认知一方面源自乌鲁木齐近郊的古建筑；另一方面，通过对国内外在传承传统与创新方面的建筑范例，特别是对乌兹别克斯坦、阿塞拜疆等的新建筑进行研究，建筑师获得了一些启发。建筑师将新疆传统建筑中棱角分明的多边形立柱和曲、直线条相结合的拱券等独特形式，运用于剧场的立面和观众厅的舞台台口等部位（图8、图9）。

新疆人民剧场的建筑装饰方面结合了新疆传统建筑中墙面满饰的特点。为体现鲜明的地域特色，剧场设计汲取传统工艺中的精萃，特地从南疆喀什请来两位当地知名的维吾尔族民间老艺人，参与细部的纹样模板雕镂工作。两位老艺人运用"V"形浅刻的手法雕琢石膏花饰，刻面刀锋凌厉，线条明快挺秀。而对于大量

图 8 剧场正面主入口上方局部（来源：李建民 摄）

图 9 剧场观众厅台口（来源：金祖怡 摄）

翻制的石膏雕饰成品中棱角不清处，老艺人再用刻刀悉心加以整理。两位老艺人采用的图案主要以植物枝叶、藤蔓和花卉等为主题，纹样繁复缜密，组合极尽变幻，随着光影流转，更显绮丽曼妙。在维吾尔族传统纹样及石膏雕饰"V"形浅刻的基础上，设计者又创新地融入了汉族传统的莲花、宝瓶等纹样及圆线条砖雕的手法，使图案和刻面更富于变化、亮丽多彩。精美的石膏雕饰赋予

图 10 剧场观众厅台口石膏雕饰（来源：全祖怡 摄）

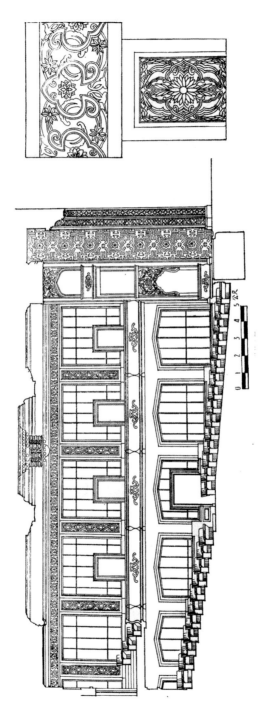

图11　剧场观众厅剖面及花饰大样（来源：周曾祥，新疆人民剧院，《建筑学报》，1957，第11期）

图 13　剧场精美繁复的石膏装饰

图 12　剧场主入口中亚八角柱柱头的莲花雕饰

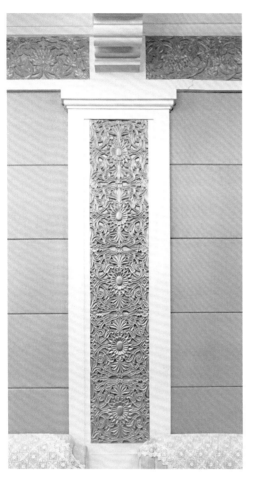

图 14　剧场贵宾室墙面石膏雕饰（来源：范欣 摄）　　图 15　剧场观众厅序厅墙面石膏雕饰（来源：范欣 摄）

了剧场鲜明的地域多元文化特色（图 10～图 15）。

　　除了民间艺人的非凡创造外，新疆人民剧场还留下了艺术家们的不朽之作。在剧场正立面主入口两侧，各有一座 3.5 米高的人物雕塑——《弹唱》（图 16）和《舞蹈》（图 17）。左侧弹拨

图 16 剧场正立面左侧的人物雕塑《弹唱》（李宇翔 主创，来源：范欣 摄）

图 17 剧场正立面右侧的人物雕塑《舞蹈》（李宇翔 主创，来源：范欣 摄）

热瓦普的男青年雕塑的面部表情鲜活丰富，右侧翩翩起舞的女青年雕塑的身姿动感曼妙。两座雕塑不仅生动刻画出新疆人民能歌善舞的特点和热情奔放的性格，也突出了建筑作为歌舞剧院的功能主题，是人们生活的真实写照，因而广受各族人民的喜爱。

　　剧场一层南、北侧厅的墙面上，各有三幅精美的石膏浮雕——《收葡萄》（图18）、《哈萨克族牧羊女》（图19）和《维吾尔族舞蹈》（图20）。浮雕中的人物刻画细腻，体态匀称健美，裙褶轻逸细密，动静相宜，栩栩如生。

　　值得一提的是，剧场室外人物雕塑和室内人物浮雕均与建筑

图 18　石膏浮雕《收葡萄》（宋兴华 作品，来源：范欣 摄）

同步设计、同步完工，水乳交融，相得益彰，成为彼此不可分割的完美整体。

新疆人民剧场的建筑色彩运用别具一格。建筑外窗框、主入口门廊内的外墙以及室内地面、天花、墙裙、石膏雕饰等部位的饰面色彩，着重借鉴了维吾尔族传统建筑中常用的蓝、绿色基调。

图19 石膏浮雕《哈萨克族牧羊女》（李宇翔 作品，来源：范欣 摄）

图 20　石膏浮雕《维吾尔族舞蹈》（宋兴华 作品，来源：杨发宝 摄）

　　剧场主入口八边形中庭、公共交通空间及观众休息空间的墙
面饰以柔和的浅黄色，搭配湖蓝色墙裙，显得清丽雅致。室内
水磨石地面采用暗红色和浅绿色大面积铺陈，辅以宽窄相间的
白色、黑色线条，结合室内地面形态，以菱形、三角形、四方形、
矩形、多边形、折线异形等拼接、嵌套成几何图案，变化丰富

亦不失和谐。

观众厅作为整座剧场最重要的场所之一，其墙面、天花的石膏雕饰以湖蓝色打底，敷以金色点缀，采用白色石膏线脚勾勒边界，营造出雍容华贵、庄重典雅的室内空间氛围。舞台台口虽运用了诸多色彩，却能做到变而不乱、繁而不杂、艳而不俗，与歌舞剧院的主题十分贴切。

中华人民共和国成立之初，我国的国民经济尚处于起步阶段。1953 年国家兴起"反对铺张浪费"之风，新疆人民剧场在选材方面从实际出发，体现了"低才高用"的原则。尽管对剧场设计的规格要求很高，设计团队却并未选择昂贵的天然石材作为装饰材料，整座建筑外立面装饰繁简有致、浓淡相宜。建筑外墙、柱采用了传统水刷石饰面，辅以精致的线脚与石膏雕饰，浑厚中不失细腻。西侧正立面被重点刻画，拱廊的墙面满铺石膏雕饰，以棱角分明的柱头和层次细密的檐口作为点睛之笔，在斜阳映衬下，更显恢宏壮丽。

这座凝聚了建筑师、艺术家和民间艺人等集体智慧的经典之作，无论是整体风貌、建筑元素，还是装饰细节、雕塑艺术等，在满足使用功能的前提下，均充分体现了鲜明的地域特色和多元文化的融合。

二、开创者的足迹

　　中华人民共和国成立后，中国人民解放军进驻新疆。众多有志青年纷纷响应国家号召，"到最艰苦的地方去，到祖国最需要的地方去"。他们从五湖四海远赴边疆，奉献了青春年华，将光荣与梦想书写在新疆辽阔的大地上。当时百废待兴的新疆，急需城市建设的专业人才队伍。1951年，由中国人民解放军驻疆部队组建的新疆军区工程处设计科成立，成为新中国新疆第一支自己的建筑设计力量。

　　活跃于这一时期的前辈建筑师多数接受过系统的建筑专业教育，也有的是在实践中通过"以帮带教"的培养方式成长起来的建筑设计人才，他们勉力求索，富于开创精神，在新疆建设史上留下了不可磨灭的伟绩。至此，从初期依靠内地和苏联专家支援和帮助，到因地制宜、自主创新，新疆的建筑师们逐步探索出一条本土建筑创作之路。

■ 缘起

在新疆维吾尔自治区筹备成立之际，急需为新疆各族人民建设政治、文化生活场所。1954 年冬，新疆军区工程处设计科承接了新疆人民剧场的设计任务，由时任设计科科长刘禾田建筑师（1921—1992 年）（图 21）完成了方案设计。

刘禾田 1947 年毕业于"国立重庆大学"工学院建筑系。成立于 1940 年 9 月的"国立重庆大学"工学院建筑系是当时中国办学水准最高的建筑系之一，杨廷宝、刘敦桢、童寯、徐中等中国现代建筑教育的开创者均曾在该校任教。毕业后，刘禾田进入当时全国规模最大的建筑设计事务所之一的基泰工程司，在杨廷宝先生直接指导下工作，由此打下了扎实的建筑理论及实践功底。

图 21 设计新疆人民剧场时期的刘禾田（来源：金祖怡提供）

1950 年 9 月，刘禾田建筑师由江西调到新疆，投身新中国新疆的建设事业，之后担任新疆军区工程处设计科科长。

在新疆人民剧场的整个设计过程中，刘禾田建筑师与设计科结构股股长贺献莹、结构工程师高征禄及建筑股股长金祖怡（刘禾田建筑师的夫人）一起就结构体系、建筑功能及艺术风格等进行深入研讨。设计方案经自治区领导审定后，制作成模型。1955 年 10 月，国家有关领导人率中央慰问团参加庆祝新疆维吾尔自治区成立庆典活动时，参观了剧场设计方案的模型，给予了高度评价。

1955 年剧场施工图设计工作正式开始。在当时物质条件、技术力量和建造经验均十分匮乏的情况下，要完成这项技术难度大、艺术水准要求高的大型工程项目无疑是十分艰难的。刘禾田建筑师专赴北京征询张镈、林乐义等知名建筑师对此方案的意见，并参观了首都剧场及尚在建设中的天桥剧场，同时收集了有关剧场音响、舞台设计等方面的资料。当时恰逢中华人民共和国成立后第一座设施齐全的现代化剧场——首都剧场落成不久，相近的规模恰好为新疆人民剧场的设计提供了学习参考的案例。

■ 攻坚克难，自主创新

刘禾田建筑师由于要亲自负责整个设计团队的组织协调，并全面承担技术责任以及现场技术服务工作，因而将施工图设计总负责人的重任交付于设计一组经验丰富的周曾祚建筑师，由高征禄结构工程师和杨敏建筑师与周曾祚共同担任责任工程师，刘禾田和贺献莹负责最终审定。团队其他人员包括盛志斌、蒋秉群、梁延明等多名刚入门不久的"学生兵"，他们先前曾通过熟悉一到两类不同功能的建筑作为起步，此时已有了八一剧场等公共建筑设计的经验，设计组就这样走上了边学边干的创新之路。他们发扬部队不畏艰苦的精神，于 1955 年 6 月基本完成了剧场的施工图设计，剩余图纸随着工程进展陆续补齐（图22 ～图 26）。

在新疆人民剧场的整个建设过程中，设计师们遇到了许多意想不到的困难，其中最特殊的要数"水井问题"。剧场建设用地原为一片密集的民房，家家有井，水井遍布整个基地。这些水井大多深达 5 至 6 米，口径 1 至 2.5 米不等，不到 20 000 平方米的建设用地，水井竟达 72 口。在苏联专家的指导下，设计组经过细致周详的现场踏勘及分析研究，最终确定了安全可靠、经济可行的地基处理方案及建筑基础形式。

新疆人民剧场于 1955 年 8 月由新疆军区生产建设兵团建筑工程第一师动工修建。在自治区领导的高度关注下，全社会在人力、物力方面给予新疆人民剧场的建设以大力支持，设计人员创作热情高涨，无论是设计还是施工均体现了当时的最高水平。1956 年 12 月中旬，新疆人民剧场建成，1957 年 1 月 7 日举行了隆重的落成典礼。剧场获得了社会各界广泛认可，深受人民群众喜爱，为新疆建筑史书写了浓墨重彩的篇章。直至今天，许多年长者回忆起剧场初建成时的情景，仍然对这座艺术殿堂的恢宏壮丽和动人之美记忆犹新，赞叹不已（图 27、图 28）。

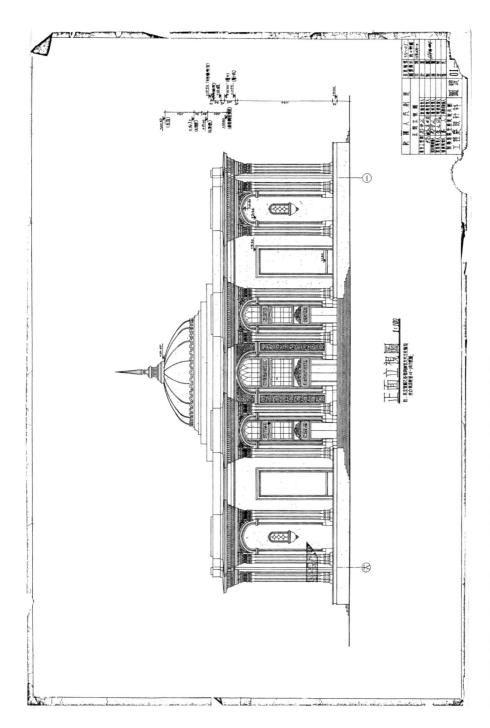

图 22 剧场建筑专业施工图纸——正立面（盛志斌 手绘，来源：金祖怡 提供）

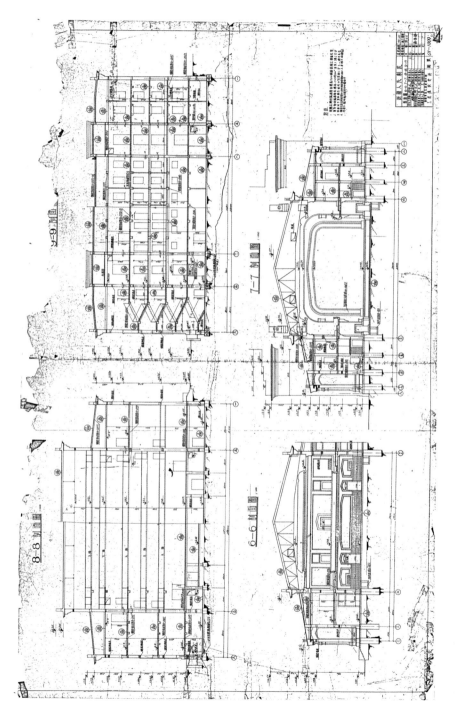

图 23　剧场建筑专业施工图纸——剖面（涂宏群手绘，来源：金祖怡提供）

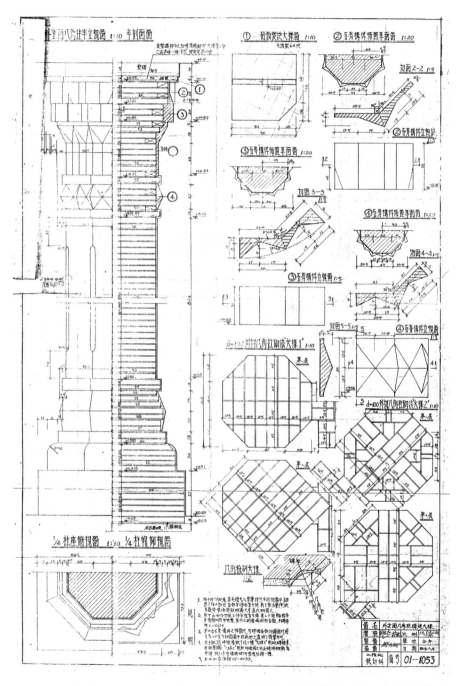

图24 剧场建筑专业施工图纸——外立面八角柱构造大样（盛志诚 手绘，来源：新疆档案馆 存）

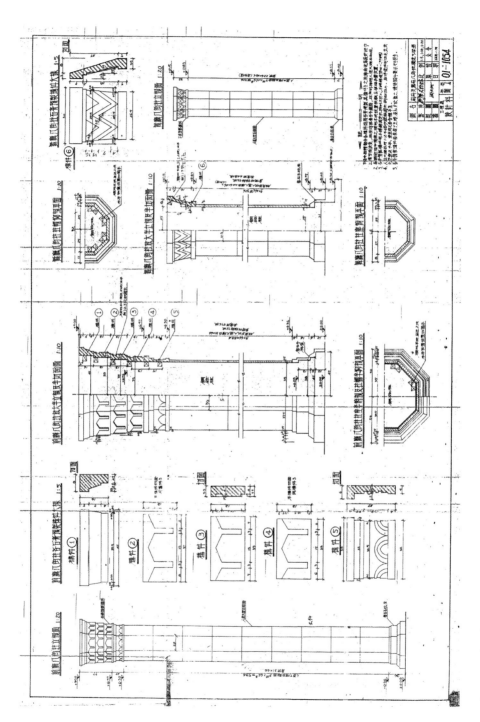

图 25　剧场建筑专业施工图纸——前厅及券厅八角柱构造大样（盛志斌手绘，来源：新疆档案馆存）

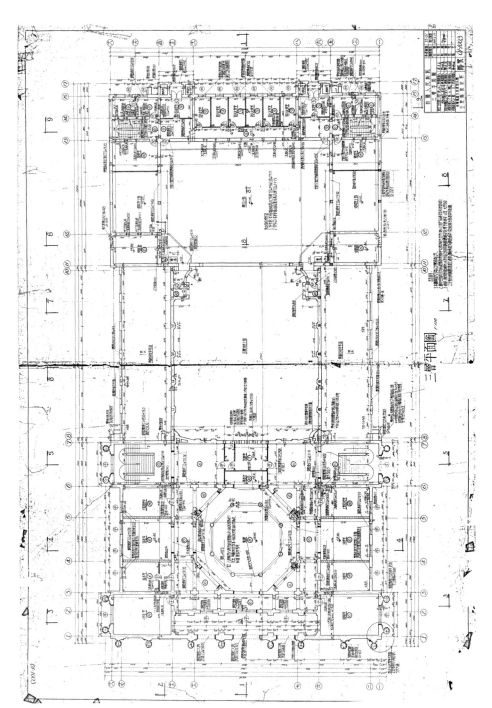

图 26　剧场结构专业施工图图纸（梁延明手绘，来源：金祖怡提供）

图 27　剧场建成之初实景（来源：金祖怡 提供）

图 28 剧场建成之初实景（来源：金祖怡 提供）

■ 多元融合，兼收并蓄

　　新疆人民剧场增进了各民族间的情感交融和艺术交流。一批年轻的本土建筑师和雕塑家成长起来，他们紧密协作，从民间汲取丰富的知识营养，并在设计实践中予以升华，满怀对传统艺术的敬畏之心，展现了前所未有的开创精神，探索出一条立足新疆本土并适应时代发展的传承与创新之路。

　　新疆人民剧场一方面遵循古典建筑讲求尺度比例的美学原则，大胆创新，以适应现代建筑的使用需求，另一方面又充分结合本土的文化元素，使建筑呈现出鲜明的根植于中华大地上的新疆地域特征。

　　在观众厅序厅及侧厅的天棚设计中，建筑师周曾祚将中国传统建筑的雀替元素与新疆传统建筑特有的密肋梁巧妙结合，创造出古典与现代并存、中式风格与民族风格相互融合的新形象（图29）。

图29 剧场观众厅序厅天棚局部（来源：李建民 摄）

建筑师金祖怡 1947 年至 1949 年在"国立重庆大学"工学院建筑系就读期间曾选修过雕塑，师从著名雕塑艺术家、人民英雄纪念碑浮雕创作者之一的曾竹韶教授。在金祖怡的建议下，新疆军区工程处设计科建筑股成立了雕塑组（后更名为艺术组），由专从新疆军区政治部调来的李宇翔担任组长，宋兴华、潘丁丁、马毅、黄以德等多位青年艺术家参与其中。另外还邀请到文化厅系统的艺术家滕绍文、韩芝媛、列阳、熊新野等，就地域艺术风格传承共同研讨，几乎调集了当时乌鲁木齐所有的艺术家力量。

李宇翔毕业于中央美术学院华东分院（原国立艺专），曾师从潘天寿先生学习国画，并受到林枫眠、赵无极等大师的指导。由李宇翔主创的剧场正立面两侧的人物雕塑《弹唱》和《舞蹈》，在全国城市雕塑会议交流中荣获优秀奖。他创作的剧场观众厅侧厅的浮雕《哈萨克族牧羊女》，同样展现出非常扎实的绘画和雕塑功底。通过人民剧场的雕塑创作，李宇翔带出了宋兴华、黄以德等一批年轻艺术家。之后，他调往北京工作，于 1956 年至 1960 年间，相继在中国人民革命军事博物馆、人民大会堂新疆厅创作了多件雕塑力作。

来自新疆工兵团、非专业出身的宋兴华进入雕塑组后，一次偶然的机会大家看到他雕刻的人物小样，认为非常有艺术感，于是就有了后来新疆人民剧场观众厅侧厅的浮雕《收葡萄》和《维吾尔族舞蹈》，也成就了一位日后颇有名气的雕塑家，其中《收葡萄》获得了全国青年美术作品展览一等奖。此后，宋兴华又创作了《军垦第一犁》等一批优秀的雕塑作品。

　　在剧场内外的石膏雕饰方面，设计组尝试先由两位维吾尔族民间老艺人（图 30）在石膏板上雕刻，再拓印于棉纸上进行细致研究，最终组合成连续的图案，并由专人负责石膏雕饰的翻制。新疆人民剧场在传统石膏雕饰的创新应用方面的研究成果，为同时代的其他工程提供了宝贵的借鉴经验。通过这次经历，其中一位维吾尔族民间老艺人对现代建筑技术产生了浓厚兴趣，拜托金祖怡介绍，让自己的四个儿子进入建筑施工队工作。

图 30　建筑师刘禾田（右 1）、美术家滕绍文（左 1）和维吾尔族民间老艺人（来源：滕璇 提供）

■ 复活的塑像

在新疆人民剧场设计之初，剧场正面两侧的《弹唱》和《舞蹈》人物雕塑已作为这座建筑物不可分割的组成部分，纳入了建筑方案的整体考虑。两座雕塑取材贴近生活，一歌一舞，不仅具有鲜明的地方特色，更突出了歌舞剧院这一艺术主题。

由李宇翔主创的雕塑《弹唱》和《舞蹈》人物形象真挚朴实，比例匀称，生动亦不失庄重，体现了雕塑家对建筑设计主题和作品灵魂的深刻理解。两座人物雕塑与新疆人民剧场及周边环境十分和谐，颇受广大市民和外地游客的青睐。在其后很长一段时间里，这两座人物雕塑常作为新疆的特色标志出现在电视等各类媒体平台上。

1955 年冬，著名维吾尔族舞蹈家康巴尔汗·艾买提带团慰问中国人民解放军，来到新疆军区工程处设计科参观，当他看到正在创作中的雕塑《舞蹈》时十分赞赏。她认真地就雕塑的舞姿，尤其是手形和舞鞋的细节提出建议，给予雕塑家们诸多灵感和启发。

在 1967 年的"破四旧"运动中，这两件艺术珍品被拆毁。两座人物雕塑早已与整座建筑融为一体、密不可分，人们无法接受没有《弹唱》和《舞蹈》的新疆人民剧场。1980 年，时任新疆维吾尔自治区第五届人大代表的乌鲁木齐市规划院技术员蔡美权向大会递交了《恢复新疆人民剧场正门民族歌舞雕像》的议案。1981 年夏，议案被采纳，新疆人民剧场联系金祖怡请回已在外地工作多年的原创雕塑家李宇翔重返新疆恢复原作。1982 年 10 月，人们翘首期盼的《弹唱》和《舞蹈》终于获得重生。原新疆军区宣传部副部长丁朗听闻两座雕塑失而复得，百感交集，特撰写了

《塑像的复活》一文，畅抒胸臆，之后该文被收录于丁朗散文集《复活者笔记》中。散文《塑像的复活》和重塑的雕像如同"春"的讯息传播开来。

　　"复活"的雕像"长高"了1米多。细心的人们会发现，两座人物雕塑在神态、气韵及服饰上与原作有所不同（图31、图32）。时过境迁，毕竟复原的雕像与原作前后间隔了20多年，创

图31 剧场正面两侧人物雕塑《弹唱》和《舞蹈》原作（李宇翔 主创，来源：周曾祚，新疆人民剧院，《建筑学报》，1957，第11期）

作的时代背景和艺术家的心境、情感都发生了变化。也许，正是"不可复制"这一特性成就了艺术的独特魅力。

时光荏苒，《弹唱》和《舞蹈》两座人物雕塑和新疆人民剧场一起历经半个多世纪的风雨洗礼，沉淀着乌鲁木齐这座城市的历史记忆。

图 32 1981 年—1982 年复原的剧场正面两侧人物雕塑《弹唱》和《舞蹈》（李宇翔 作品）

■ 变迁与守护

自 1955 年设计完成至 1992 年的 37 年间，刘禾田建筑师（后历任新疆军区工程处主任工程师、新疆军区生产建设兵团工一师设计院总工程师、自治区建委设计处处长、自治区建设厅总工程师）亲自负责新疆人民剧场后期维修的设计咨询工作，守护着这座倾注了他毕生心血的艺术殿堂。

时任剧场副主任的相义 1955 年毕业于中央戏剧学院，分配至新疆文化厅工作后，她担任了新疆人民剧场从设计至施工全过程的甲方代表。1967 年《弹唱》和《舞蹈》两座雕塑遭受损毁时，剧场内的诸多精美装饰也岌岌可危。相义以瘦弱之躯，凭借超乎常人的胆略和意志全力保护剧场。她不顾个人安危，连夜将观众厅侧厅的石膏浮雕《收葡萄》《哈萨克族牧羊女》《维吾尔族舞蹈》一一覆盖，使它们躲过一劫。相义热爱艺术事业，十分尊重剧场的原创建筑师刘禾田，剧场发生的任何一项维修变更均须经"刘工"首肯。从大学毕业直至生命的最后一刻，相义始终以忘我的敬业精神守护着新疆人民剧场，为完整保护这座艺术殿堂奉献了自己的一生。

1975 年，为迎接 70 余人的国际代表团，新疆人民剧场实施了局部改造，利用南北两侧的外廊扩充了观众厅侧厅的空间，并在南侧增设了贵宾室。刘禾田建筑师的夫人金祖怡主持改造工程，从喀什调来的李作楣提出了外廊柱间增设预制混凝土花格的方案草图，获得了大家的认可。新增的花格犹如一袭轻透的面纱，为庄重恢宏的剧场平添了几分含蓄典雅的韵味（图33、图 34）。1979 年，考虑到管理的实际需求，剧场方利用柱廊和预制混凝土花格内侧的灰空间又加建了相应的用房。

图 33 剧场建成之初南侧局部外景（来源：周曾祚，新疆人民剧院，《建筑学报》，1957，第 11 期）

　　伴随着岁月更迭，为适应时代变化和谋求自身发展，新疆人民剧场历经数次维修改造和设备更新，内部格局因经营需要进行了局部改动，也曾面临险些被改头换面的危机。20 世纪 90 年代，受到市场经济的巨大冲击，有人甚至提出将剧场改造为桑拿馆并重新装修。多年来，在剧场方以及刘禾田、金祖怡、黄为隽等老一辈建筑师的不懈努力下，新疆人民剧场的整体建筑风貌得以保全。

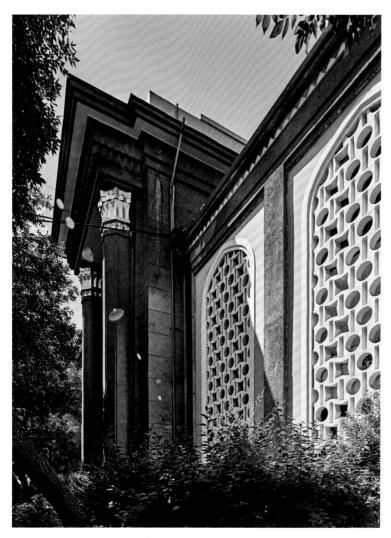

图 34　经改造的剧场南侧局部外景

　　1985 年和 1995 年，新疆人民剧场分别进行了两次大规模的维修和粉刷。1999 年由新疆维吾尔自治区电影发行放映公司贷款投资对其进行修缮改造。此后，2001 年至 2006 年间，新疆人民剧场又自筹资金进行了装修改造。剧场主入口中庭更换了大型水晶吊灯，增设了地暖，地面铺设了富有地域特色的天山雪莲拼花图案的地砖，各影厅重新配置了空调设备和排风换气系统。改造后的新疆人民剧场拥有大、中、小 13 个电影放映厅，总座位数 1 800 余个，同时配备了先进的设备，其中包括当时西北五省唯一的 3D 立体电影设备。历次改造提升了剧场的设施水平，但也留下诸多缺憾，如室内各电影厅的装修格调、选材和色彩与剧场原有的氛围显得格格不入。

新疆人民剧场观众厅的声学设计严格依照歌舞剧院的标准进行，拥有出色的演出音效。当年朝鲜知名声乐团在欧亚各地巡回演出《卖花姑娘》时，曾计划于回国途中在我国西北选择一地演出。比较了西北各省提供的演出场地音效后，最终选择了新疆人民剧场。后该团因不幸飞机失事，演出未能实现。历次电影厅改造期间，金祖怡建筑师曾多次建议恢复观众厅乐池原歌舞剧院的功能。

2006 年，新疆人民出版社拟紧邻新疆人民剧场西南侧建设一座信息综合楼，建筑体量数倍于剧场，两座建筑近在咫尺。起初，建设单位坚持采用装饰繁复的"欧陆风"立面方案，建筑高度近60 米。乌鲁木齐市规划管理局多次组织专题会议就此进行反复论证，金祖怡和范欣两位建筑师作为特邀专家参与了全过程。与会专家一致认为，新疆人民剧场作为城市的重要地标和历史记忆，在所处区域环境中的主体地位不容削弱，环境整体性亦不能破坏，拟建的新建筑应作为背景处理。方案设计历经 2 年多，在专家的一再坚持下，信息综合楼最终的实施方案确定为简洁的竖线条外立面，建筑高度降至原方案的一半左右（建筑层数 8 层），尽最大努力维护了新疆人民剧场的区域核心地位及新老建筑的从属关系（图 35）。

图 3.5　剧场（左）与西南侧后建的高层建筑（右）

　　该建筑于 2010 年底建成。

　　近年来，作为一座专业的歌舞剧院，新疆人民剧场始终活跃于文化领域，在国际民族舞蹈节、中外文化展示周等文化交流活动中频繁亮相，以经久不衰的艺术魅力征服了观众（图 36）。

图 36　2015 年 1 月俄罗斯古典模范芭蕾舞剧团于新疆人民剧场演出《天鹅湖》（来源：金祖怡 摄）

2019 年 4 月 3 日新疆人民剧场修缮工程项目现场踏勘合影
（前排右 4：金祖怡，前排左 5：范欣）（来源：新疆建筑设计研究院有限公司　提供）

三、穿越时空，致敬经典

2019 年春，新疆人民剧场被列入国家文物局文物修缮项目计划。考虑到这是一座建于当代且始终在运营使用的文物建筑，与一般以静态陈列为主的古代和近代不可移动文物有所不同，剧场方委托新疆建筑设计研究院有限公司与新疆文物保护中心合作，共同承接该修缮工程的设计工作。由新疆建筑设计研究院有限公司负责建筑室内外（除屋顶外）修缮以及水、电、消防、安防等改造的方案和施工图设计，新疆文物保护中心负责对接国家文物局以及屋顶部分的修缮设计。

受新疆建筑设计研究院有限公司的委派以及原设计者刘禾田建筑师的夫人金祖怡之托，新疆建筑设计研究院有限公司范欣副总建筑师担任了修缮工程的设计总负责人。身为建筑师，有机会通过亲身实践传承传统并让这座"最美的殿堂"重现活力，何其幸运！这是历史和时代赋予建筑师的责任和使命。

2019 年 4 月初，新疆人民剧场修缮工程项目正式启动（图37）。

■ 求真溯源

　　修缮设计组认真研读了原始图纸之后，对新疆人民剧场的现状进行了全面、深入的踏勘。

　　设计之始首先确定了修缮的总体思路，即尽最大可能恢复原设计建筑风貌，内部格局不做大的调整。按照这一原则，修缮设计组就新疆人民剧场的外立面、屋面以及室内重点区域（入口中庭、观众厅、两侧主楼梯及其他主要公众活动区域）、公共卫生间等制定了详细的修缮初步设计方案，同时对供暖系统、给排水管线、照明、消防、节能、安防等方面的建筑性能的提升提出具体技术措施。

　　作为一座"活"的文物，自1956年建成至今的近66年风雨历程中，尤其在2013年被列为全国重点文物保护单位之前，新疆人民剧场出于维修、功能变更及设施提升等种种原因所历经的多次改造，使建筑空间、构件、室内装饰等的原真性有一定程度的丧失。所幸新疆人民剧场的整体外部形态及精美的石膏雕饰等得以完整留存，室内墙面和天棚的总体色彩基本保持了原貌，其中凝结了许多人特别是剧场人、原设计者刘禾田和夫人金祖怡两位建筑师默默守护的心血和努力。

　　2020年5月底，在经历了1年多的原始资料收集、实地踏勘、多轮方案论证比选，以及国家文物局审批、施工图设计等诸多流程后，新疆人民剧场修缮工程进入实施阶段（图38）。整个过程中，修缮设计主持人范欣与原设计主要参与者金祖怡常常为修缮中的问题交流至深夜。作为历史的见证人和守护者，年逾九旬的金祖怡建筑师时时心系新疆人民剧场。金祖怡对范欣说："由你来主持剧场的修缮设计，我放心。"这份信任和嘱托承载着城市的历

图 37 2019 年 4 月 3 日
新疆人民剧场修缮工程
项目启动会中剧场领导
和设计团队部分人员合
影（前排中：全祖怡，
前排右 2：范欣，来源：
新疆建筑设计研究院有
限公司 提供）

图 38 2020 年 7 月修缮中
的剧场（来源：范欣摄）

史记忆和新疆老一辈建筑师的开创精神，寄托着两代建筑人的情怀和梦想。

这是新疆人民剧场首次作为文物进行修缮。面对这样一座"活态"文物，接下来的工作充满挑战，也令人期待。怀着一颗敬畏之心，修缮设计组始终秉持"尊重原设计"的修缮原则，尽最大可能恢复其原有建筑风貌。在此基础上，更重要的是延续新疆人民剧场最初的精神和文化内涵，不仅需要深度理解其历史，透彻解析其中蕴含的地域传统文化，还要适应时代可持续发展的需求。这对修缮设计者而言是极大的考验，既不能过于僵化地因循一般静态展示类文物的修缮模式，更不能以个人的喜好随意臆造和增减，同时还须兼顾日常使用功能和运营管理的切实需求。对于已被改变且无法找到原始资料的部位，需贴合原有风貌和气韵进行再创造，补充必要的细节。确定了以上原则之后，修缮设计组在修缮设计过程中迈出的每一步，都小心翼翼、慎之又慎，始终深究本原，以免错失一步，酿成无法挽回的损失和遗憾。

万事开头难。由于新疆人民剧场建成之初尚没有彩色照片，目前仅能找到有限的黑白照片以及最早拍摄于20世纪70、80年代的几张远近外景彩色照片，这给修缮设计工作的寻根溯源带来了很大困难。对修缮设计者而言，每个亲历者的只言片语都值得被珍视，并将其作为修缮设计工作的点滴线索。

由于新疆人民剧场是已使用半个多世纪的老建筑，60多年间为适应运营需求进行了多次改造，且未留下改造图纸档案，现场与20世纪50年代的原始设计图纸存在较大出入，到现场后发现不少修缮设计图纸对不上，无法付诸实施。于是，修缮设计组就在现场与一线施工师傅及剧场方共同沟通商议、对比方案，当场绘制出草图，并确定具体材料、细节、尺寸等，这样既可保证设计效果，又不耽误施工，一举两得。许多设计细节都是修缮设计组在工地突发灵感，经过反复揣摩和斟酌，重新对设计图纸进行修改的。除了每周例会外，修缮设计组需要随时到工地应对并解决各种大大小小的问题（图 39）。

图 39 屋面踏勘、分析研究穹顶修缮技术问题（右 2：范欣，来源：杨麦宝 摄）

■ 减法与加法

　　作为剧场的核心空间之一，主入口八边形中庭是进入剧场后留给人们的第一印象。正由于此处位置显要，又邻近主入口，因此成为整座建筑改造程度最大的部分，也是修缮设计难度和工作量较多的区域。修缮设计组将建筑空间恢复确定为修缮设计重点，需要做大量的减法，但是对于空间恢复后的缺失部分，又需要谨慎地做加法。

　　首先，恢复左右两侧被影厅扩建所挤占的"灰空间"（图40），是重现中庭丰富的空间层次之关键。修缮设计组将现有影厅与中庭之间的内隔墙退至本初位置，恢复原有"灰空间"（图

图 40 修缮前一层主入口中庭两侧被影厅挤占的"灰空间"（来源：范欣 摄）

图 41　一层主入口中庭两侧恢复的
　　　　"灰空间"

41、图 42），铲除影厅改造后隔墙上部橙色饰面及宝蓝色墙裙（图 43），拆除灰空间上方后增的黑色格栅吊顶，还原墙面和天棚的本来面貌。影厅与中庭之间新设计的内隔墙上木质花格的六边形和菱形组合图案源自新疆传统建筑花饰纹样，巧妙地融入剧场的整体氛围之中。二层、三层影厅隔墙也同样沿用了这一木质花格形式（图 44）。

图 42　一层主入口中庭两侧恢复的"灰空间"及修缮后一层影厅的隔墙和门

图 43 修缮前一层影厅的隔墙和门（来源：范欣 摄）　图 44 修缮后三层影厅的隔墙和门

　　其次，主入口八边形中庭的墙面恢复是修缮工作的重点，在拆除了突兀的电影海报灯箱、招贴等之后，对历次改造破坏的墙面进行整理和补平。中庭的墙面、天棚及带形石膏雕饰根据原色彩重新粉饰（图45、图46）。

　　于2004年由水磨石改造为雪莲花图案地砖的中庭地面，现

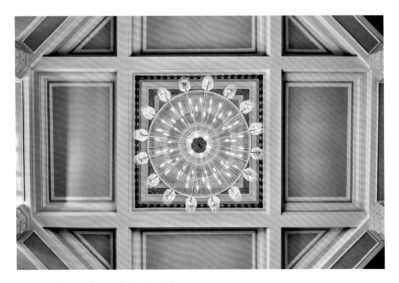

图 45 修缮后的主入口中庭天棚局部

图 46　修缮后的主入口中庭

　　状维护情况较好，与整体风貌也较为协调。考虑到恢复水磨石将
造成较大的施工作业面，且与相邻区域地面难以无痕衔接，因此
决定维持现状（图 46）。

　　主入口中庭二层回廊的栏板在 2004 年曾被拆除改造。修缮
设计组在剧场方处找到了天山电影制片厂于 1981 年摄制的新疆

第一部彩色宽银幕故事片《艾里甫与赛乃姆》的影像资料（图
47）。该片改编自维吾尔族民间爱情叙事长诗《艾里甫与赛乃姆》，
叙述了阿巴斯国王之女赛乃姆和国王的宠臣艾山之子艾里甫之间
曲折动人的爱情故事，新疆人民剧场正是影片中皇宫的取景地。
影片中有新疆人民剧场主入口中庭二层回廊原貌的珍贵影像资料
（图48），这为修缮设计组一直苦苦寻觅的剧场室内色彩提供了
一些依据。

　　修缮设计组决定拆除2004年被改造为玻璃结合铁艺形式的
回廊栏板（图49），修缮设计在原始设计图纸和电影资料基础上，
融入了时代感。考虑到中庭空间的通透性，参照原设计的全实体
栏板，确定了中间实体（保留原始金色花饰）、两侧通透（安全
玻璃上丝网印刷的图案源自原设计）的栏板形式（图50），与8

图47 彩色宽银幕故事片《艾里
甫与赛乃姆》电影海报（来源：
网络，百度图片）

图48 彩色宽银幕故事片《艾里甫与赛乃姆》剧照中的新疆人民剧场主
入口中庭局部（来源：电影网）

图 49 修缮前的主入口中庭二层回廊栏板（来源：李建民 摄）

图 50 修缮后的主入口中庭二层回廊栏板

图 51　修缮后的主入口中庭

根八角柱浑然一体，呈现出中庭高贵典雅的整体氛围（图 51），
对恢复中庭的风貌并提升其艺术格调起到了关键作用。

■ 炽烈与深沉

观众厅同样是剧场的核心空间之一（图 52 ~图 55）。

图 52 修缮后的观众厅内景（一）

图 53 修缮后的观众厅内景（二）（自舞台望向观众席）

图 54 修缮后的观众大厅内景（三）

图 55 修缮后的观众厅内景（四）

作为视觉焦点的舞台台口是整座剧场室内刻画最繁复精美的部位之一，单是装饰色彩就有绿、红、金、黄、白、湖蓝、奶油色，如果再加上暗红色幕布，该区域的颜色达8种之多。台口现状的高饱和度艳红、翠绿主色十分突兀（图56），设计的原色彩已无从考证，唯有进行贴合原设计风貌的再创作。

生活在浩瀚沙海与雄浑山脉间绿洲上的新疆人民，性格中兼具炽热与深沉。独具特色的新疆歌舞也是如此，在欢快热烈的氛围之下，涌动着一种沉静如泉的力量，那是新疆人对生命之美的独到理解与挚爱。

在台口修缮色彩的选择上既要体现新疆歌舞的独特韵致，又要协调好种类繁多的颜色，做到变而不乱、繁而不杂、艳而不俗，营造雍容华贵、庄重典雅的空间氛围。经过反复比选，最终确定了微偏蓝色的绿和略带浅玫瑰色的红，这些色彩与新疆传统建筑一脉相承，既烘托出了新疆歌舞艺术特有的优雅与妩媚，又与喜爱歌舞的新疆人民乐观热忱、浪漫自信的性格十分贴合（图57、图58）。

图56　修缮前的观众厅舞台台口石膏雕饰突兀的色彩（来源：范欣 摄）

图57　修缮后的观众厅舞台台口局部

图58 修缮后的观众厅舞台台口一角

　　观众厅正上方的金属主灯是由建筑师原创设计的，考虑到其自重较大，且年代久远，存在一定的安全隐患，故将旧主灯拆下并由乌鲁木齐市博物馆收藏，作为历史记忆永久留存下来（图59）。剧场方依照原式样重新定做了自重更轻的新灯具（图60）。

图59 观众厅的旧主灯（来源：范欣摄）

图 60　修缮后的观众厅天棚局部

　　千百年来，在浩瀚广袤的土地上，新疆各族人民世代共同生存聚居，你中有我，我中有你，扎根于中华文化的沃土，孕育了新疆独具特色、多元一体的传统建筑文化。学者们在新疆曾发现了很多反映中原传统文化或者多元文化融合的文物实证。修缮设计组将这一地域文化特征体现在修缮设计的一些装饰细节中，例如：曾被改造成铁艺形式的观众厅座席护栏（图61），在修缮设计中代之以中国传统回形纹造型（图62）；观众厅和影厅新更换的门执手采用了祥云纹样（图63）。

　　剧场的二层、三层公共空间的地面已被PVC地板胶覆盖多年，而原有的水磨石地面朴素精美，几何图案变化丰富，色彩温润雅致。经过多方反复沟通，征得了剧场方的同意，终于使水磨石地面重见天日（图64、图65）。

图61 修缮前的观众厅座席护栏（来源：范欣 摄）

图 62 修缮后的观众厅座席护栏

图 63 祥云纹样门执手

图 64 恢复原貌的水磨石地面

图 65 重见天
日的水磨石
地面

■ 应对活化利用的诉求

活化利用是文物建筑的重要价值之一。由于有了人的活动，文物被赋予了生命和活力，活化利用可以看作是对文物的一种可持续的、更好的保护。

为应对使用者的诉求，修缮设计组将改善室内环境质量作为本次修缮的重点，主要包括提升建筑消防性能和节能性能，以及增设散热器、改善照明环境、改造公共卫生间等。

乌鲁木齐市具有典型的温带大陆性气候特征，冬季严寒、夏季干热，太阳辐射强，外窗的热工性能对室内舒适性和节能影响显著。剧场原有的木窗年久失修，渐已糟朽，即便更换新的木窗也无法满足保温隔热性能的要求。修缮设计组延续了原有外窗的分格和色彩，同时采用保温隔热性能优、气密性能佳的断桥铝合金框中空低辐射玻璃的高性能节能外窗（图 66），有效提升了建筑室内的热环境质量，大大降低了剧场的建筑能耗和运行成本。

由于剧场冬季室内温度远未达到舒适性要求，本次暖通设计新增设了大量散热器。如何弱化凸出墙面的散热器和暖气罩的存在感成为一道难题。虽进行了多次方案比选，结果始终不甚理想。直至施工准备下料的前一天，终于找到了满意的方法。修缮设计组提炼了原有通风口的图案，在整片湖蓝色防火板上挖出孔洞，既丰富了原本略感沉闷单调的墙裙，也与室内整体风貌无痕地融为一体（图 67）。为了兼顾散热效率及视觉效果，由木作师傅先试制了几块暖气罩样板，对不同大小的孔洞及不

图 66 新更换的高性能铝合金节能外窗及修缮后的建筑立面装饰细节

图 67 增加散热器后，新设计的窗台和暖气罩与室内整体风貌融为一体

同粗细的孔间线条进行比选后，再正式制作。两侧主楼梯间原
有的暖气罩也按照统一样式进行了更换（图68、图69）。最初
担心沦为败笔的部分，反而成了点睛的亮点。

　　剧场现有的公共卫生间空间十分狭小，又苦于没有扩充的余
地。于是，修缮设计组设计了部分无性别卫生间，最大限度地提
高使用效率，体现人性关怀（图70）。现状公共卫生间是后期改造的，
室内装修材料明显破损，色彩和品质等也与剧场整体风貌格格不
入（图71），因此一并重新设计。

图 68 修缮前的主楼梯间暖气罩（来源：范欣 摄）　　图 69 修缮后的主楼梯间暖气罩（来源：范欣 摄）

图 70 修缮设计的无性别公共卫生间　图 71 修缮前的公共卫生间（来源：范欣 摄）
（来源：范欣 摄）

■ 毫厘之间

    剧场西侧正立面是整座建筑最精彩的部分，特别是主入口的 8 根廊柱，比例匀称、棱角分明，讲求细节的精微变化，传承了新疆传统建筑廊柱的神韵。出于安检需要，2015 年在主入口处增设了进深凸出柱面 2 米多的门斗，其比例、选材、分格和色彩等均有失协调，如同一个突兀的"大口罩"，破坏了剧场西侧正立面柱廊的完整性（图 72）。修缮设计组决定拆除现状门斗并重新设计为全透明"玻璃盒子"，将其消隐于柱廊之内。狭小的方寸空间，既要考虑安检设备及人员通过的空间尺度需

图 72 修缮前的剧场正面（西侧）外观（来源：全祖怡 摄）

图 73　修缮后的剧场正面（西侧）外观

求，又要尽可能"隐身"。经过现场测量和实地反复操演，方才定案（图 73、图 74）。

　　色彩，给人以最直观的印象，毫厘之间，微妙尽现。色彩的比选，是烦琐细致的过程，尤其是建筑外饰色彩，还需要考虑天气、朝向、不同时段以及材质本身的质感等诸多要素。仅外墙的涂料色彩就经过了不下 6 次的比选。即使是看上去很简单的金色，也经过了 3、4 次色样对比。所幸负责室内外饰面色彩施工的师傅很有经验，按照要求不厌其烦地一遍遍刷色样，直至大家满意为止。

图 74 修缮后的剧场西侧正立面局部

外墙的水刷石饰面在半个多世纪的风霜洗礼中留下累累污渍，修缮施工方采用高压水枪对其进行了整体清洗（图75、图76）。

由于剧场历经多次改造，建筑使用功能发生了较大改变，因此，剧场的室内修缮设计工作相较于室外更为繁杂。室内的每一区域、每个洞口、每处转角以及不同材料交界处的拼接方式、线角选型等细节，均需逐一思量，妥帖处理（图77～图81）。

图 75 清洗前的剧场建筑外观局部（来源：范欣 摄）

图 76 清洗后的剧场建筑外观局部

图 77 修缮后的一层贵宾室（来源：范欣 摄）

图 78 修缮后的新疆人民剧场观众厅序厅天棚局部

图 79 修缮后的影厅公共走廊

图 80 修缮前的影厅公共走廊（来源：范欣 摄）

图 81 修缮后的主楼梯间

相比新建筑的设计，文物修缮设计尤其是现场技术服务的过程更需要心细如发，以免抱憾。修缮设计的每一步都行之不易，唯有慎之又慎，不懈地努力坚持。整个过程中离不开剧场方的高度信任和全力配合，修缮设计组对此充满感激。

2021年2月7日，新疆人民剧场重新面向社会开放（图82～图86），获得了各界的广泛赞誉。所有的付出都是值得的！

图 82　修缮后的剧场侧立面（北立面）全景　　　　　　　　图 83　修缮后的剧场正面外观

图 84　修缮后的剧场侧立面（南立面）局部

图 85　修缮后的剧场正立面（西立面）局部

图 86　修缮后的剧场西南角局部外观

图 87 城市的昨天、今天、明天在历史时空中交叠

自 2019 年春项目启动至竣工，新疆人民剧场文物修缮工程历时近 2 年，期间经历了不寻常的 2020——抗"疫"之年。

多少个白昼和不眠之夜，为它思绪万千、魂牵梦绕。每一个不经意的角落、每一寸动人的细节，都令人难止澎湃的心潮；每一次的欣喜与焦灼，都历历于心。我们小心翼翼落下的每一笔，都心存崇敬与感激；眼前时常浮现开创者们奋斗的身影，从他们的精神和足迹中获得力量。

拳拳赤子心，两代建筑人。这座跨越半个多世纪的"最美艺术殿堂"再现往日风采，焕发了新生，城市的昨天、今天、明天在历史时空中变幻交叠（图 87）。

今天是昨天的未来，也将成为明天的历史。书写好今天，是为了更好地面向未来。保护，并不意味着停止，而是为了不忘却，为了传承和延续一座城市的根、脉、魂，富足人们的精神，使生命由此变得丰厚，让历史的光辉照亮未来。

开创者们的精神永存！致敬经典！致敬老一辈建筑人！

编后记

　　本不想写这编后记，但强烈的参与感让我愿将它们记录下来。

　　在2020年9月的第三次中央新疆工作座谈会上，习近平强调，"当前和今后一个时期，做好新疆工作，要完整准确贯彻新时代党的治疆方略，牢牢扭住新疆工作总目标，依法治疆、团结稳疆、文化润疆、富民兴疆、长期建疆，以推进治理体系和治理能力现代化为保障，多谋长远之策，多行固本之举，努力建设团结和谐、繁荣富裕、文明进步、安居乐业、生态良好的新时代中国特色社会主义新疆。"[①]发现并传承新疆的20世纪建筑遗产，是文化城市建设的需要，也会给城市复兴带来内在动力。所以，建筑文博人要以创造发展资源的态度，为城市文化发展整合配置新资源。无疑，编撰出版《奏响瑰丽丝路的乐章　走进新疆人民剧场》一书正是这一实践的体现。

　　从时间上看，新疆人民剧场是2018年入选第三批"中国20世纪建筑遗产"项目的。记忆中在给新疆城乡规划设计院刘谓院长编制《玉点》一书时，2013年冬季我和李沉曾造访过新疆人民剧场，那是个雪后晴天的早上，我们专程赶来拍照，不曾想，竟

2021年7月9日，本人赴医院探望年逾九旬的金祖怡建筑师

① 来源:《人民日报》2020年9月27日第一版。

拍下后来入选"中国20世纪建筑遗产"项目的乌鲁木齐市保存完好的"最美艺术殿堂"的景致。

考察组拜访王小东院士（左起：朱有恒 李沉 薛绍睿 金磊 王小东 范欣 苗淼）

要为该项目做本集子并纳入"中国20世纪建筑遗产项目·文化系列"，我向范欣副总建筑师曾多次表述过，尤其当得知该项目是新中国50年代新疆前辈建筑师刘禾田、金祖怡夫妇等领衔设计的，我顿生敬意：其一，建筑师刘禾田毕业后曾与天津基泰工程司张镈（北京院50年代"八大总"）为同事，甚感亲切；其二，我曾在八九年前的乌鲁木齐市刘谓院长的《玉点》一书首发式会上见过建筑师金祖怡，老人家对大家勉励的话令我难忘；其三，新疆建筑设计研究院有限公司范欣副总建筑师自2019年起担当此修缮重任，在她富有情怀和科学设计精神的呵护下，使修缮做到恢复其原有建筑风貌并与时代共生。我关注到范欣总对历史现场努力深度把握、深究本源的敬畏态度，使其设计充满了与传承相伴的创新。

基于对编撰主人公的了解，中国文物学会20世纪建筑遗产委员会及《中国建筑文化遗产》《建筑评论》编辑部自2020年便逐步开展以建筑摄影为中心的编辑工作，以至于2021年7月初编辑部团队以"文化润疆"的理念，在新疆院向乌鲁木齐市各界讲述"遗产视野 创新凝思——致敬中国20世纪建筑经典与建筑巨匠"的报告，并专程在医院拜访了金祖怡老人，经金老师同意便正式开启了《奏响瑰丽丝路的乐

章　走进新疆人民剧场》图书的编撰工作。全书的文字是由金祖怡老师、范欣总完成的，主要建筑图片是由中国 20 世纪建筑遗产委员会摄影师分多次完成的，还包括金祖怡老师提供的部分历史照片和图纸，部分图纸由范欣总组织提供。

　　我感慨《奏响瑰丽丝路的乐章　走进新疆人民剧场》一书的编辑，因为它基于如下考虑：其一，尽管与金祖怡老师见面不多，但数十次的微信交流与沟通，让我了解到老人家的心意，那是一种对 20 世纪 50 年代新疆建筑经典难以割舍的守望，那是一种要以余生的全部努力向业界与社会讲述创作者历程的赤诚；其二，范欣总以"微改造"的思路与方式，在敬畏前辈建筑师成就的基础上，也让历史文化与现代生活相遇。她的修缮设计见之于行，以传承保护的创新助力城市美育建设，赋予新疆人民剧场科学与艺术之美，让观众在欣赏历史文化信息与细节品味中，感受着建筑之美的生命乐章；其三，我在设想如果"一带一路"的文化遗产要传颂，那么，应该利用新疆人民剧场这个"平台"，唱响丝绸之路沿线国家的文化艺术"大戏"，这样小舞台可构建起一部视角独特的"交流史"。

　　保护与传承新疆人民剧场是文化建设工程，是传承新中国红色文化的重要方面，我们坚信《奏响瑰丽丝路的乐章　走进新疆人民剧场》一书的出版是"文化润疆"的传播实践，更是在边疆拓展 20 世纪建筑遗产的建设路径。

金磊

中国文物学会 20 世纪建筑遗产委员会副会长、秘书长

中国建筑学会建筑评论学术委员会副理事长

《中国建筑文化遗产》《建筑评论》主编

2022 年元月

本书编委会

指 导 单 位	中国文物学会 20 世纪建筑遗产委员会
主 编 单 位	新疆维吾尔自治区住房和城乡建设厅
	新疆建筑设计研究院有限公司
	新疆建筑文化遗产研究中心
	新疆人民剧场
承 编 单 位	《中国建筑文化遗产》《建筑评论》编辑部
学 术 顾 问	吴良镛　谢辰生　关肇邺　傅熹年　彭一刚　张锦秋　程泰宁　何镜堂　郑时龄
	费　麟　王小东　王瑞珠　黄星元　刘景樑　金祖怡　陈延琪
名 誉 主 编	单霁翔　修　龙　马国馨
编 委 会 主 任	单霁翔
编委会副主任	张　宇　左　涛
主 编	金　磊
策 划	金　磊　范　欣
编　　委 （以姓氏笔画为序）	王建国　王时伟　付清远　刘伯英　刘克成　刘若梅　刘　谞　左　涛　田　康
	叶依谦　孙宗列　孙兆杰　孙国城　伍　江　庄惟敏　江　心　张立方　张　宇
	张　兵　张　杰　张　松　张大玉　何智亚　邱　跃　邵韦平　李秉奇　杨　瑛
	杨发宝　陈　薇　陈　雳　陈　雄　吴　飞　罗　隽　季也清　周　岚　周　恺
	孟建民　金卫钧　范　欣　赵元超　胡　越　徐全胜　徐　锋　郭卫兵　殷力欣
	奚江琳　常　青　崔　愷　梅洪元　韩振平　塔依尔·托乎提　路　红　薛绍睿
撰 文	金祖怡　范　欣
执 行 主 编	范　欣　朱有恒
执 行 编 辑	苗　淼　董晨曦　李海霞　李　玮　王　展　金维忻
版 式 设 计	朱有恒
建 筑 摄 影	除注明拍摄者的照片外，其余照片由中国建筑学会建筑师分会建筑摄影团队拍摄
	万玉藻　朱有恒　李　沉　金　磊　等

参 考 文 献

[1] 周曾祚 . 新疆人民剧院 [J]. 建筑学报 .1957（11）：16—22.

[2] 范欣 . 中国传统建筑解析与传承——新疆卷 [M]. 北京：中国建筑工业出版社 ,2020:9.